韓屋

아름다운 전통을 간직한 한옥

하 랑
도서출판

아름다운 전통을 간직한 한옥

발행일 : 2025년 08월 08일
출판사 : 하랑출판
주　소 : 서울시 중구 퇴계로28길 8
전　화 : 02-2263-3337

목　차

월성 양동 마을

월성 양동(月城 良洞)마을

경북 월성군 강동면 양동리

중요민속자료 제189호, 조선시대(15~16세기)

Yangdong mauel, village, Wolsung

Kyeongsangbuk -do , lmpotant Follklore Material No.189

Chosun Period (15th~16th)

　양동마을은 경주에서 형산강 줄기를 따라 동북 포항쪽으로 40리 들어가서 위치하는 마을로 월성손씨와 여강이씨의 양대문벌로 이어져 내려온 이들 양성의 동족부락집단이라 할 수 있다. 입향조인 양민공(襄敏公) 손소는 장인인 유복하의 상속자로 이 마을에 들어와 손씨 입향조가 되었으며 양민공의 딸이 여강 이씨 번에게 출가하여 이후 여강이씨 종가를 이루었다. 양동마을의 입지적 특징은 넓은 안강평야에 임한 물(勿)자형 산곡이 성주에서 흘러드는 형산강 물줄기를 서남방의 역수(逆水)로 맞는 지형으로 이 역수는 이 마을의 끊임없는 부의 상징이라고 한다. 일차적으로 역수지부(逆 水之富)의 상징은 안강평야로 옛날에는 넓은 안강평야의 옥답의 대다수가 양동반가들의

소유였으므로 양동은 구신분제도 사회에서 많은 소작인과 하인들을 거느린 양반들이 세기하기에 알맞은 마을이었다. 양동은 종가일수록 산등성이의 높고 넓은 터에 위치하는 반가의 배열법도에 따라 구성되어 있으며 마을에 남아 있는 30동이 넘는 200년 이상의 역사를 지닌 큰 집들은 그 주위에 솔거노비의 주거로 행랑채를 두거나 외거노비의 살림집인 가랍집을 두었다. 양동은 양반가옥으로 손색없는 대가, 가옥과 지형적인 경관, 그리고 양반의 권세의 상징으로 보존해 온 종가, 정자와 함께 제실, 비각, 족보, 문집, 고문서, 위토답 등을 중심으로 유가적인 사상과 관습을 강하게 유지해 온 점이 반촌으로 유명하게 하는 것이다.

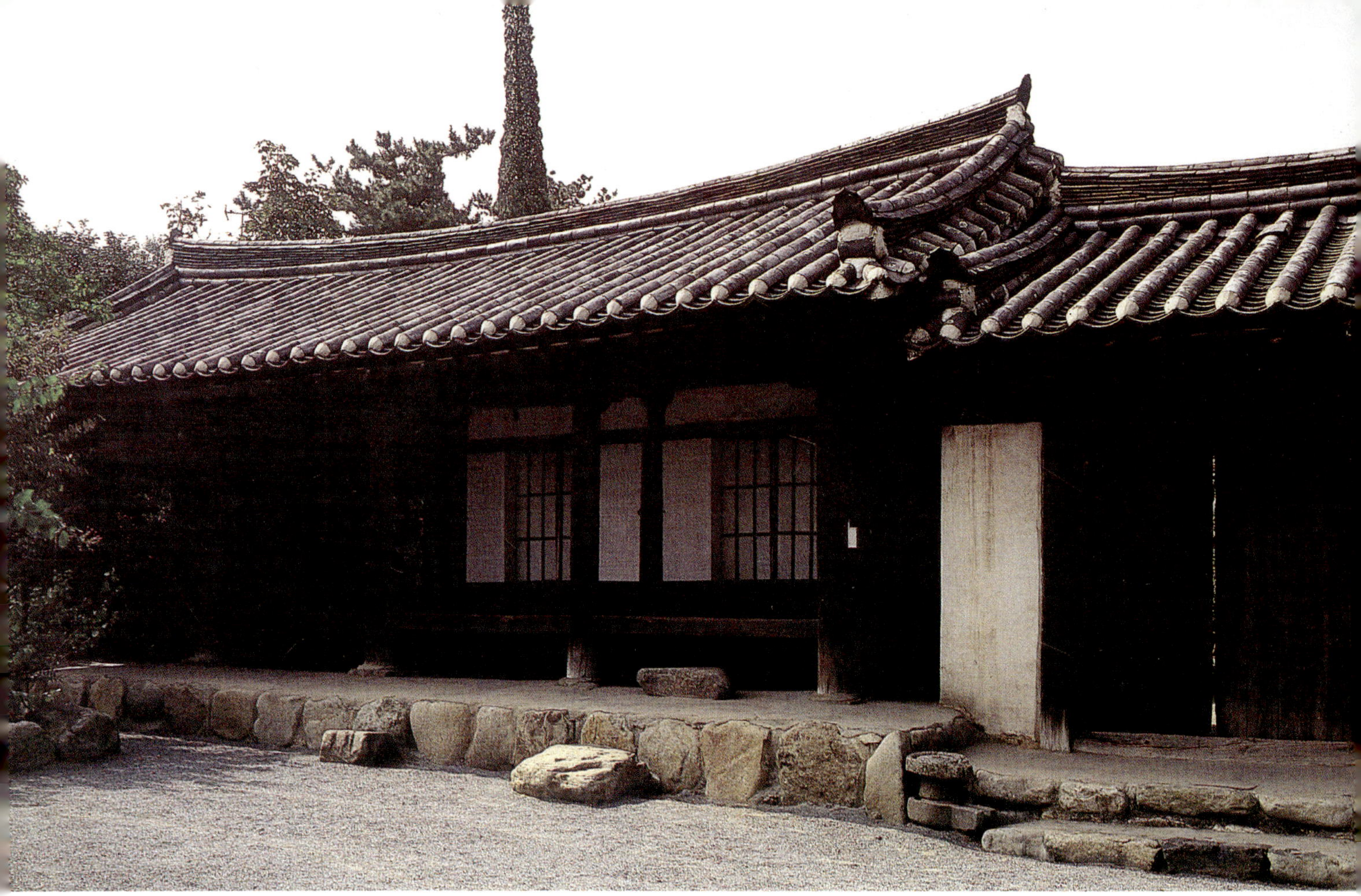

정면 전경- 사랑채와 중문
Panoramic view - Men' s part and courtyard gate

수졸당(守拙堂)

경상북도 강동면 양동리 89
중요민속자료 78호. 조선시대(1744년)
Sujoldang house
Important Folklore Material No. 78
Chosun period(1744 A.D.)

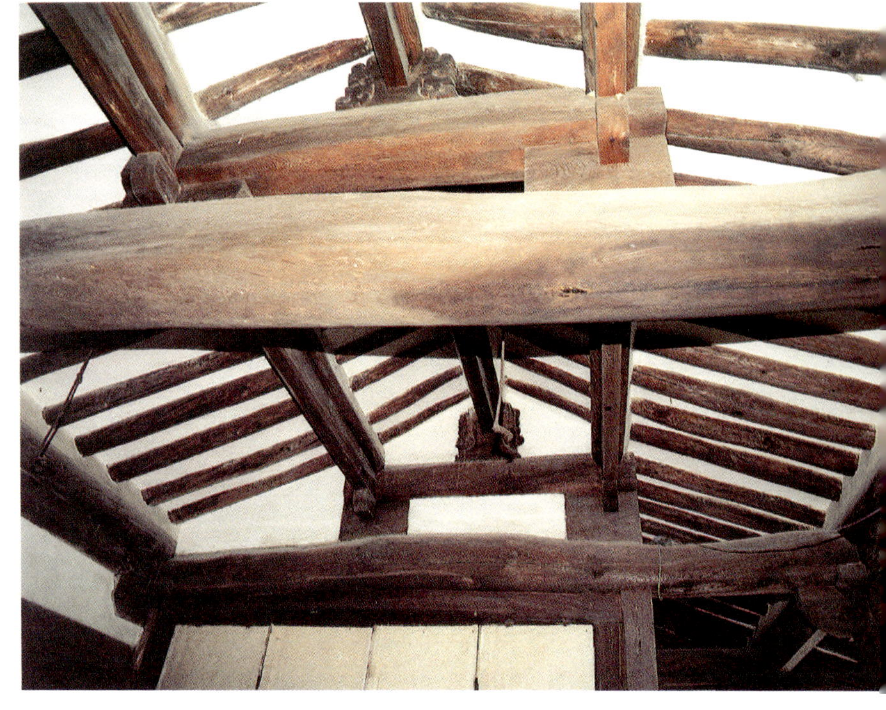

이 집은 광해군 8년(1616)에 이언적 선생의 넷째 손자인 수졸당 이의잠 선생이 지은 집으로 당호는 그의 호를 따서 지은 것이다. 후에 영조 20년(1744)에 양문당 이정규 선생이 사랑채를 증축하였다고 한다. 一자형의 사랑채와 행랑채, ㄱ자형의 안채가 인접하여 튼ㅁ자평면을 이루는 이 집은 서백당과 낙선당 건너편 산줄기의 중턱 동향대지에 자리하고 있다. 사랑채는 정면 4칸, 측면 2칸으로 왼쪽 끝에 대청과 전퇴가 있는 사랑방을 두었고, 오른쪽은 바로 대문간이 되어 一자형 평면의 행랑채와 연결된다. 행랑채에는 방 1칸, 축사 3칸, 중문간 1칸, 광 2칸이 일렬로 이어져 있으며, 안채에는 ㄱ자의 가장 안쪽에 부엌을 두고 왼쪽으로 안방 4칸, 대청 4칸, 건너방 2칸을 배치하였다. 부엌 오른쪽으로는 광이 있고 몸채 왼쪽 동산에는 사당이 자리잡고 있다. 사랑채는 소로받침없이 장혀로 받혀진 민도리집으로 5량구조이고 부연없는 한식기와 맞배지붕을 하고 있다.안채와 행랑채도 민도리집으로 홑처마에 맞배지붕을 하고 있다.

사랑대청의 천장
The structure of ceiling in main floor of men' s part

사랑방 가구상세
Details of structure in men' s part

담장
The fence

낙선당(樂善堂)

경상북도 강동면 양동리 216

중요민속자료 73호. 조선중기(1540년)

Nakseondang House at Yangdong

Important Folklore Material No. 73

The middle part of Chosun period(1540 A.D.)

　월성손씨의 종가인 손동만가의 북쪽 산중턱에 자리 잡고 있는 낙선당은 우재 손중돈 선생의 망재인 손숙돈 선생이 분가했던 집으로 현재는 낙선당 손중로 선생의 종가집이다.

　ㅁ자 안채와 중문간 행랑채와 작은 중문을 사이에 두고 一자 사랑채가 연접해 있다. 대문채는 3칸으로 가운데가 문간이고 남쪽 1칸은 행랑방이며 북쪽은 외양간이다. 중문간 행랑채는 정면 7칸, 측면 1칸으로 중앙문에 중문을 두고 좌우로 모두 광을 두었다.대문간채과 중문간행랑채는 3량집에 홑처마이고 한식기와를 얹은 맞배지붕이다. 대문채 앞의 사랑마당이 넓은 점은 농업중심의 경제활동을 중시여겼음을 시사한다. 안채는 안방,대청,건넌방,부엌으로 구성된다. 전체적으로 연속된 채로 보이나 각 채가 독립되어 건축되었다. 사랑채는 낮은 기단위에 一자로 세운 정면 5칸집으로 대부분의 큰집들이 높은 기단위에 세우는 통례에 반한 드문 예이다. 대문과 사랑채 및 안채가 모두 서향이며 물(勿)자의 한획에 해당되는 산줄기를 등진 배산임계의 원칙에 맞는 집으로 전반적으로 실용에 치중한 구조를 보인다.

사랑채 – 사랑방
Rooms of Men's part

사랑대청
Main floor of Men's part

　전면만을 개방시키고 판장문을 달았다.이 가옥의
당호인 '낙선당' 편액이 걸려있다. 뒷면 판장문위로 감
실이 보인다.

사랑대청 세부
Details of main floor of Men's part

문간채과 광채
Enterance part and storehouse

안채
Women's part

사랑채에서 안채로 통하는 쪽대문에서 봄
The view from side gate

　맞은편에 보이는 판장문의 광은 ㄷ자 안채의 끝칸이
고 오른쪽이 안대문이 있는 행랑채이다.

판벽으로 처리한 광이 있는 아래채와 ㄷ자형 안채사
이에 사랑채와 연결되는 쪽대문이 보인다.

뒷마당에서 본 안방의 창호와 굴뚝
Main room's door and chimney from the view of backyard

전경
Panoramic view

누마루
Rail floor

◀ **무첨당**
경상북도 강동면 양동리 181
보물 제 411호 . 조선중기
Mucheomdang house
Treasure No 411. the middle part of Chosun period

　북촌의 중앙 산등성이에 자리잡은 무첨당은 이언적 선생의 아버지 이번선생이 살던 집으로 여강이씨 대종가이다. 별당채인 무첨당과 종가 본채, 그리고 사당으로 구성되었는데, 무첨당은 이언적 선생이 후에 세운 것으로 방, 대청,방을 일렬로 늘어놓고 누마루를 ㄱ자형으로 돌출시켰다. 본채는 ㄷ자평면의 행랑채와 ㄷ자형의 안채가 인접되어 전체적으로 ㅁ자배치를 이룬다. 무첨당 앞마당을 지나 몸채에 이르면 사랑채와 행랑채 사이에 세운 중문을 통해 본채의 앞마당에 이르게 된다. 중문 왼편에 있는 사랑채는 대청 1칸, 사랑방 2칸이 있고 광을 구석에 두고 꺾여 안채의 건너방과 연결된다. 안채는 제일 구석에 부엌을 두고 부엌 왼쪽으로 안방과 대청을 두었고, 오른쪽으로는 방과 마루방을 1칸씩 두었다. 사당은 안채 뒤로 계단을 딛고 높직히 올라가서 삼문을 통해 들어갈 수 있는데 전형적인 사당 평면을 가지고 있다.무첨당은 높은 기단위에 초석을 놓고 두리기둥를 세웠는데 내부와 온돌방 뒷면에는 네모기둥을 사용하였다. 기둥위에 배치된 공포는 초익공 계통이며 5량구조에 홑처마 팔작지붕으로 되어있고 누마루가 달린 쪽지붕은 합각을 만들어 놓았다. 대청전면은 개방되었으나 뒷면에는 판장문과 벽을 달았다.몸채와 행랑채는 홑처마 맞배기와지붕이고 몸채의 지붕은 특히 꺾이는 부분에 합각을 이룬다.

동측에서 본 전경
View from the east

대청
Main floor

누마루에서 본 대청과 작은방
Main floor and secondary room from the view of rail floor

대문밖에서 본 안채 전경
The inner house from the view of gate

대청위에서 본 전경
View from the main floor

관가정(觀稼亭)

경상북도 강동면 양동리 150
보물 제 442호 . 조선중기

Kwankajeong house

Treasure No.442. The middle part of Chosun period

　북촌 서향 언덕에 자리잡고 있는 이 집은 조선중기 건축으로서 우재 손중돈 선생이 분가하여 살았던 집이다. ㅁ자형에 가까운 본채는 사랑채와 안채가 한 동으로 연결되었다.

　중문을 중앙에 두고 왼쪽에 사랑채, 오른쪽에 안채를 두었는데 사랑채는 방 2칸에 대청 2칸이 있고 대청은 누마루형식을 취하고 있다. 안채는 부엌을 가운데에 두고 좌우에 방을 배치하며 부엌 윗쪽으로 작은 대

청 2칸, 방 2칸, ㄱ자로 꺾여진 곳에 큰 대청이 6칸의 크기로 위치한다. 안채의 건너방과 사랑방 사이에는 광과 마루를 연결하고 있다.

　사랑대청 간살은 3량으로 측벽 대량 위, 천장 밑의 삼각형 부분에는 아무런 벽체를 만들지 않아 터져 있는 점과 안채의 초석 위 벽체를 일부 파서 기둥 밑이 벽체와 독립되게 처리한 것등이 특이하다. 홑처마에 한식기와를 이은 맞배지붕을 이루고 있다.

사당의 삼문
The Three-gate of Shrine

안대청에서 본 대문
Gate from the view of main floor

중문을 통해 본 대문
Gate from the view of courtyard gate

사랑채 전경
View of men' s part

안채
Women's part

누마루 형식의 사랑대청
The floor for men of rail floor style

안채의 후면
Rear view of Women's part

안채 창호와 굴뚝
Door and chimney of women′s part

심수정(心水亭)

경상북도 강동면 양동리 98
중요민속자료 81호. 조선중기(1560년)

Simsujeong Pavilion at Yangdong

Important Folklore Material No. 81
The middle part of Chosun period(1560 A.D.)

현재의 심수정은 조선 명종때 건축된 정자가 철종때
행랑채를 제외하고 화재로 소실되어 1917년에 재건한
것이다. 마을에 들어서면서 오른편 남산 오르막 대지에
세워진 정자로서 양동마을의 여러 정자들중 규모가 가
장 큰 ㄱ자 평면형의 정자이다. 향단주인 소유의 정자
로서 맞은 편 북촌에 자리잡은 향단과 그 일대를 잘 조
망할 수 있다. ㄱ자로 꺾이는 양쪽으로 대청을 두고 그
옆에 방을 두었다. 대청 왼쪽방에는 누마루를 두어 양
동마을 전체를 내다볼 수 있게 하였다. 홑처마에 팔작
기와지붕이고 간살은 5량구조이다.

대청은 연등천장에 우물마루이고 바깥 덧문은 띠살
창호이고 8각불발기를 넣은 들어열개사분합문이다.

중정에서 본 누마루와 작은방
Rail floor and secondary room from the view of courtyard

안마당과 전면
Courtyard and front view of pavilion

心水子

대청내부
The inside of main floor

대청 후면 상세
Fitting details of Main floor

아래채 후면
Rear view of storehouse

대청쪽의 큰방문– 팔각불발기를 넣은 들어열개 사분합문
Door of main room toward main floor

큰방에서 본 대청의 측벽
Side wooden-wall of main floor from the view of main room

대청- 구조세부
Main floor - details of structure

정자 뒤 후원
Backyard of pavilion

대청의 측면
Side view of main floor

수운정(水雲亭)

경상북도 강동면 양동리 89
중요민속자료 80호. 조선중기(1582년)

Suunjeong Pavilion at Yangdong

Important Folklore Material No. 80

The middle part of Chosun period(1695 A.D.)

　이 정자는 우재 선생의 증손인 청허재 손엽 선생이
짓고 '물과 같이 맑고 구름같이 허무하다(水淸雲虛)'
는 뜻을 따서 이름지었다고 한다. 북촌 서북쪽에서 물
봉의 산등성이를 벗어난 곳에 남서향으로 높직히 자리
잡고 있어 안강평야를 한눈에 조망할 수 있다. 평면은
一자형으로 정면 3칸, 측면 2칸으로 왼쪽에 정면 2칸,
측면 2칸의 대청을 두고 오른쪽에 정면 1칸, 측면 2칸
방을 배치하였다. 정자 뒷편으로는 온돌방과 마루방이
있는 행랑채가 부설되어 있고 일각문을 통해 드나들
수 있다. 대청이나 방의 전면과 측면에는 계자각난간
을 설치하였고 대청은 우물마루에 연등천장이나 합각
이 되는 자리에 우물천장을 일부 설치하였다. 대청의
동면과 북면에는 판장분합문을 달았다. 우물천장을 짜
넣은 틀의 두 귀에는 연꽃잎을 새긴 꽃봉오리를 달았
고 첨자와 소로로 나머지 두 귀를 떠받치고 있는 것이
특색있다. 처마는 겹처마로서 막새를 사용한 팔작기와
지붕을 이룬다.

대청
Main floor

대청상세
Details of main floor

천장상세 -연등천장과 우물천장 ◀
Details of ceiling

대청내부 ▶
Inside of main floor

정자후면과 행랑채
The back side of pavilion and servant's part

행랑채 측면과 협문
Side of servant's part and side gate

대문
Gate

협문상세
Details of side gste

대문상세
Details of gate

이향정(二香亭)

경상북도 강동면 양동리 89
중요민속자료 79호, 조선중엽(1695년)
Ihyangjeong. House

Important Folklore Material No. 79
The middle part of Chosun period(1695 A.D.)

마을의 안골로 들어가는 오른쪽 입구에 남향으로 자리잡은 이향정은 ㄱ자형 안채와 ㅡ자형 사랑채, 아래채가 튼ㅁ자형 평면배치를 이룬다. 토담으로 된 담장을 들어서면 곧바로 왼쪽에 사랑채가 있는 중문이 마주 보인다. 사랑채는 정면 6칸, 측면 1칸반으로 중앙에 2칸 크기의 대청을 두고 그 좌우로 방들을 둔 홑처마에 맞배기와지붕집이다. 창호는 주로 띠살무늬를 사용하였는데, 대청 전면에는 띠살무늬 들어열개 사분합문을 달았고 랑건너방의 측면과 정면 일부의 마루끝에는 卍자난간을 둘러서 누마루와 같은 분위기를 꾀했다. 안채는 사랑채 옆의 중문을 통해 들어서게 된다. ㄱ자로 꺾이는 곳에 부엌을 두고 오른쪽으로 안방 2칸, 대청 2칸, 건너방 1칸을 두었다. 부엌의 왼쪽에는 마루광 2칸과 온돌방 1칸을 두었다. 안채 역시 홑처마에 맞배 기와지붕이나 부엌칸 상부에서 용마루를 높여 뒤쪽에서 합각이 조금 형성되도록 했다. 안채의 창호는 주로 띠살무늬이고 광에는 판벽과 판장문을 달았다. 안방과 건너방 전면에는 창호아래 머름을 넣어 치장하고 있다.

아래채는 안채기단과 안마당보다 한단 낮은 서쪽으로 자리하고 있는데, 정면 6칸, 측면 1칸으로 중앙에 흙바닥 헛간을 두고 좌우로 광을 두었다. 당호는 온양군수를 지낸 이향정 이 범중선생의 호를 딴 것이다.

사랑건너방의 측면
The side view of secondary room

사랑건너방 측면의 퇴와 방풍판
Veranda and wind protection board in side of secondary room

가옥전경
Panoramic view

전면의 사랑채와 주택 안채로 통하는 중문 그옆으로
안채의 측면이 보인다.

아래채 후면
Rear view of storehouse

사랑건너방과 아자난간을 두른 전면마루 ▶
Secondary room and floor with rail of men' part

안채 정면
Front view of main building

양졸정(養拙亭)
경상북도 강동면 양동리 112
YangJoljeong Pavilion at Yangdong

북촌 중앙 산등성이의 입구에 자리잡고 있어 양동의
중앙을 동서로 가로지르는 길과 양쪽에 늘어선 모든
집들을 한 눈에 내려다 볼 수 있다. 막돌허튼층쌓기의
높은 기단위에 주좌를 쇠시리한 다음 초석을 놓고 두
리기둥을 세웠는데 방과 뒷면의 기둥들은 네모기둥을
사용하였다. 평면은 ㅡ자형으로 정면 4칸, 측면 2칸 크
기로 제일 왼쪽 끝에 대청을 두고 오른쪽에 방 두 개가
연이어 있다. 가구(架構)는 오량구조(五樑構造)이며
홑처마의 팔작지붕이다. 이 정자 뒤에는 관리사가 있
는데 역시 ㅡ자형 평면으로 방, 대청, 방, 부엌을 두어
전형적인 남부지방형의 평면을 이루고 있다.

대문
Gate

전면 - 가구세부
Front view - Details of structure

정면
Front view

안에서 바라본 일각문과 낮은 담장
Gate and fence from the view of inside

사랑마당에서 본 전경
View from the court of Men's quarters

◀ 향단(香壇)
경상북도 강동면 양동리 135
보물 제 412호 . 조선중기
Hyangdan Shrine
Treasure No. 412.The middle part of Chosun period

향단은 조선 중종때 회재 이언적 선생이 경상도 관
찰사로 부임할 당시 건축한 건물로 건립당시에는 99칸
집이었다고 한다. 회재의 아우 용재 이언괄 선생의 후
손들이 살아 온 집이다. 북촌 제일 왼쪽 끝 산등성이
입구, 안골로 들어가는 중앙로에서 곧바로 바라보이는
위치에 자리잡고 있으며 一자형 행랑채와 日자형 몸채
가 거의 연접해있어 거의 한 동(棟)처럼 보이는 집약된
평면형이다. 행랑채는 중문을 가운데에 두고 좌우로
마루와 온돌방을 두어 행랑인들이 거처하였다. 몸채는

오른쪽에 사랑채를 두고 왼쪽으로 안채를 두어 전체가
하나로 이어진다. 사랑채는 정면 4칸 측면 2칸으로 중
앙에 대청을 두고 뒷면으로 반칸폭의 퇴를 두었다. 사
랑대청 좌우로 방을 두어 이 중 한 방이 안채와 연결된
다. 안채는 부엌이 헛간과 이어있고,대청을 가운데에
두고 안방이 ㄱ자로 꺾여 있다. 부엌 옆 헛간 웃층에는
마루바닥의 헛간이 특이하게 배치되었다. 행랑채, 사
랑채,안채 모두홑처마에 한식기와 맞배지붕을 양측 박
공에 풍판을 달았다.

협문
Side gate

사랑마당과 노목
Garden of men's part and a old tree

사랑채 정면
The front of men' s quarters

본채
Main building

중문을 중심으로 왼쪽은 사랑채이고 오른쪽은 안채
이다.

사랑대청에서 본 안채
Women's quarters from the view of main floor for men

부엌앞의 마루
The floor in front of kitchen

행랑채와 본채
The servant's quarters and main building

행랑채와 본채의 단 차이에서 공간의 위계질서를 볼
수 있다.

문간채
Enterance quarters

헛간위에 2층을 만든 광채 ▶
Storage parts with second floor

지형을 이용하여 만들어진 2층은 우리 나라에서는
아주 드문예이다.

부엌앞방
A room in front of kitchen

정려각과 충의비각

경주시 강동면 양동리 84
경상북도 문화자료 제 261호. 조선시대(1650년)
Memorial building and the Pavilion to Project Monument
Province Cultural Material No. 261
The middle part of Chosun period(1650 A.D.)

동구 왼쪽 입구에 있는 정려각은 병자호란때 전쟁에
참여하여 전사한 낙선당 손 종로 장군의 공적을 기리
기 위해 나라에서 세운 것이다. 정면 1칸, 측면 1칸의
정방형의 정방형 정려각과 같은 정방형의 사방 1칸이
되는 충의비각으로 구성된다. 정려각은 막돌허튼층쌓
기 기단위에 두리기둥을 세워 주두를 얹고 익공으로
물린 이익공계의 건물로 겹처마에 팔작지붕을 이루고
있으며 추녀에 활주로 떠 받치고 있다. 충의비각은 두
리기둥에 주두를 얹은 이익공계로서 맞배지붕에 부연
은 없다.

정면 입구
The front view

정려각의 후면
Rear view of Memorial building

후면 전경
Rear view

손동만 가옥(孫東滿 家屋)

경상북도 강동면 양동리 223
중요민속자료 23호. 조선중기

Son Dong Man house

Important Folklore Material No. 23
The middle part of Chosun period

송첨 혹은 서백당으로 불리는 집으로 입향조인 양민공 손소 선생이 건립한 집으로 우재 손중돈과 회재 이언적이 태어난 곳으로 '명현출생계승설' 이 지금까지도 계속되는 집이다.

안골 중심의 산중턱에 자리잡은 이 집은 一자형의 행랑채와 ㅁ자형의 몸채가 전후로 나란히 배치되어 있다. 행랑채는 정면 8칸, 측면 1칸으로서 오른쪽에 광을 두고 그 옆에 대문간을 두었다. 대문간 왼쪽으로는 마루 1칸, 방 2칸이 있어 행랑채 구실을 하며 그 옆에 함실과 광이 이어져 있다. 몸채는 정면 5칸, 측면 6칸의 ㅁ자형 평면으로 중앙에 중문을 두고 왼쪽에 2칸 고방과 오른쪽에 1칸 사랑방, 1칸 사랑대청이 있다. 2칸 부엌과 3칸 안방은 남서향으로 자리잡고 ㄱ자로 꺾이어

6칸의 안대청과 2칸 건너방이 이어져 있다. 건너방 앞에는 고방과 그 앞에 마루와 방이 사랑대청과 연결된다. 부엌의 북쪽으로 장독대와 헛간이 있다. 사랑마당 동북쪽 높은 곳에 사당 3칸이 자리잡고 있다.

행랑채는 낮은 벽돌기단위에 놓여있는데 3량구조로 홑처마에 한식기와 맞배지붕이다. 몸채는 행랑채보다 매우 높은 기단위에 있고 홑처마에 한식기와 팔작지붕 모양 합각을 안들었으나 사랑채에서는 맞배지붕을 이룬다. 사랑대청에는 아(亞)자 평난간을 설치하고 방과 사이에 용자살 정방형 불발기사분합을 달았으나 대청 양면에는 아무 창호도 없어 환히 들여다 보인다. 안채 대청에는 창호가 없으나 후면에 판장문을 달았고 안방에는 다락을 만들어 대청쪽으로 작은 창을 내었다.

행랑채와 사랑채
Servant's part and Men's part

사랑채는 모서리에 대청을 두고 2면에 방을 배치한
형태로 대청에 면한 문은 사분합들문으로 하여 전체가
통할 수 있도록 하였다. 대청은 누마루와 같이 전퇴에
난간을 설치하였다. 사랑방앞 전퇴와 안채로 들어가는
중문이 만나는 곳은 퇴 끝에 판장문을 달았다.

사랑마당에서 본 행랑채와 사랑채
Servant's part and men's part from the view of outer-
garden

본채가 행랑채보다 높은 기단에 있어 위계를 나타낸
다. 사랑채와 안채를 시각적으로 구분하기 위해 사랑
방옆으로 간담을 설치하였다. 사랑방 앞의 새끼줄을
매단 시설을 설치한 것으로 보아 상청임을 알 수 있다.

대문간과 사랑대청
Enterance part and main floor of men' s part

중문간에서 본 안채
Women's part from the view of courtyard gate

◀이원용 가옥(李源鏞 家屋)

경상북도 강동면 양동리 216
중요민속자료 75호. 조선시대(1730년)
Lee Weon-Yong House at Yangdong
Important Folklore Material No. 75
Chosun period(1730 A.D.)

안골초입의 오른쪽 산허리에 자리잡고 있는 이 집은 유학자인 이 덕록선생이 살던 집으로 그의 후손인 상춘헌 이석찬 선생의 호를 붙여 상춘고택(賞春古宅)이라고도 부른다.ㄷ자형의 안채 및 사랑채와 一자형의 행랑채가 인접해 튼ㅁ자형을 이루는 배치로 이 마을의 일반적인 대규모 가옥의 기본형이다. 행랑채는 정면 6칸, 측면 1칸으로 오른쪽에 대문을 두고 그 오른쪽에 방, 왼쪽에 광을 두었다. ㄱ자형인 안채와 一자형인 사랑채가 붙어 ㄷ자형 평면을 이루는데, 부엌,안방, 웃방이 일렬로 있고, 여기서 대청과 건너방이 ㄱ자로 꺾이어 있다. 이 집은 부엌을 안방 옆으로 붙이는 일반형과 달리 부엌이 안방 밑에 위치하는 중부지방 민가의 일반적인 형태로 되었다. 그래서 부엌밑으로 방이나 마루 혹은 광이 없이 아래채에만 광이 있다. 사랑채는 대청과 방, 사랑마루가 일렬로 위치한다. 사랑마당 북측으로는 정면 3칸, 측면 1칸의 가묘가 있다. 행랑채와 사랑채는 막돌초석위에 네모기둥를 세웠고 홑처마에 한식기와 맞배지붕을 이루고 있다. 안채는 상류주택에서는 특이한 3량구조이며 한식기와 맞배지붕으로 되어있다. 사랑채에는 막돌허튼층쌓기로 2단으로 쌓아서 중간에 화계를 두고 꽃과 나무를 심었으며 사당 북쪽의 석축에도 3단의 화계를 만들어 꽃과 나무를 심어 사랑채의 화계와 조화를 이루고 있다.

사랑채
The Men's part

가옥입구에서 본 아래채와 사랑채
The servicehouse and Men's part from the view of enterance

곳간문
A wooden door of servicehouse

안마당에서 본 측면 사잇문
The side gate from the view of courtyard

사랑채에서 안채로 드나들 수 있는 문이다.

아래채 온돌방과 함실아궁이
A room of servicehouse and a fule hole of enterance part

이희태 가옥(李熙太 家屋)

경상북도 강동면 양동리 35
중요민속자료 77호. 조선시대(1733년)
Lee Hyi-Tae House
Important Folklore Material No. 77. Chosun period(1733 A.D.)

　이 집은 이언적 선생의 6대손인 이제중선생의 분문가로 건축되어 그의 증손대에 부를 이루었으며 후에 이희태씨의 조부 이조원이 매입하여 이거한 후에도 천석의 부를 누렸다고 하는 명당이다. 북촌이 대개가 집터를 산지에 잡은 반면, 남촌의 대표적 대가인 이 가옥은 가장 넓은 평지에 자리잡고 있다. 안채와 사랑채가 이루는 튼ㅁ자형 중심부를 중앙에 두고 뒤쪽으로는 행랑채, 방앗간, 잿간을 두고 앞면에는 대문채를 멀찌기 배치하고 대문안에는 서쪽으로 마굿간을 두었다. ㅁ자형 기본구조외에 ㅡ자형의 집들을 전후에 비교적 넓게 펼쳐놓은 것이 특징이다. 동쪽에 높은 사랑마당의 동산은 산의 경사지를 그대로 살린 것이며 이는 작은 숲을 이루고 있다. 사랑채는 정면 4칸, 측면 1칸으로 동쪽으로 2칸 큰사랑방을 두고 그 머리에 청지기방을 두었다. 안채는 부엌과 안방이 남향으로 놓이고 대청과 건너방이 서향한 ㄱ자형 평면으로 전형적인 서울지방형이다. 대청은 우물마루에 연등천장이고 건너방앞의 반칸폭의 퇴에는 평난간을 가설하였다. 아랫채는 안채보다 한 단 낮은 터에 세웠으며 한가운데 부엌 한칸을 두고 한쪽에 광, 온돌방, 마루방을 한 칸씩 두었고 바깥쪽에는 2칸의 온돌방과 1칸의 마루를 두었다. 대문간채, 행랑채, 사랑채, 안채는 모두는 3량집으로 홑처마에 맞배 기와지붕이다.

안사랑 측면과 사랑채 전면
The side of secondary Men's part and the front of Men's part

안사랑 측벽 세부
Details of the sidewall of secondary Men's part

방아간채의 디딜방아
Treadmill in a mill house

대문채외벽과 담장
Outer wall of enterance part and fence

대문채앞 마당과 우물
Front garden of enterance part and a well

이동기 가옥(李東奇 家屋)

경상북도 강동면 양동리 214-1
중요민속자료 76호. 조선시대(1780년)
Lee Dong Ki House
Important Folklore Material No.76
Chosun period(1780 A.D.)

　마을 안골로 들어가는 입구 오른쪽 산등성이에 자리한 집으로서 조선 정조 4년(1780)경에 이정수 선생이 건립하였으며 그의 5대손 이회구가 홍릉참봉을 지내 참봉댁 혹은 근암고택이라고 부른다. 남서향으로 대문간채가 있고 이 대문을 들어서면 바로 안마당이 된다 대문간채는 중앙에 대문을 두고 왼쪽에 헛간, 오른쪽에 방을 두었다. 안채는 ㄱ자평면으로 ㄱ자로 꺾이는 곳에 부엌을 두고, 남서향으로 안방과 대청,건너방, 작은 대청이 일렬로 들어서 있고 남동향으로 광과 방이 위치한다. ─자형 평면의 사랑채는 안채 옆에 있는데 대문간채에서 대문으로 들어서지 않고 오른쪽으로 돌

아가면 이르게 된다.
　온돌방 2칸과 대청 1칸으로 구성되고 전후퇴가 있다. 안채 옆에는 정면 4칸, 측면 1칸의 헛간이 있다. 대문간채와 헛간은 홑처마에 한식기와 맞배지붕이고 안채는 3량구조로 홑처마에 한식기와 팔작지붕을 하고 있다. 사랑채는 한식기와 팔작지붕으로 방에는 띠살 덧창에 용자창을 달았다. 이 집은 일반적인 ㅁ자배치 혹은 튼ㅁ자배치에 따르지 않고 각각의 주거공간의 기능에 따라 분산 배치한 특색있는 집이다. 또한 각 건물의 규모나 안 채와 사랑채에 전혀 두리기둥을 쓰지 않은 점등에서 소박하다.

누마루 하부구조
The lower part's structure of rail floor

안채 후원과 헛간간의 협문
A door between women's part and strorage part

대문채
The enterance part

안채 작은방의 창호
Fittngs of secondary room in Women′s part

문간채의 고방측벽
The side-wall of storeroom in enterance part

이원봉가옥(李源鳳 家屋)
경상북도 강동면 양동리 217
중요민속자료 74호. 조선시대(18세기)
Lee Weon Bong House
Important Folklore Material No. 74
Chosun period(18th century)

안골로 들어가는 중간위치 오른편 산중턱에 자리잡은 이 집은 사호당 이능승 선생이 살았던 집으로 사호당고택이라고도 부른다. 가장 일반적 반가형인 ㅁ자형 기본평면으로 담장을 둘러친 대지 중심부에 一자형의 행랑채, ㄷ자형의 안채와 一자형의 사랑채가 붙어 ㅁ자형 배치에 사랑채가 돌출된 것처럼 보인다. 행랑채는 정면 7칸, 측면 1칸으로 오른쪽 끝에 대청을 두고 그 옆으로 헛간 2칸과 가운데 칸에 디딜방아간을 둔 부연 없는 한식기와 맞배지붕이다. 안채는 북서끝 모퉁이에 부엌을 두고 오른편으로 안방 2칸, 대청 2칸, 건너방 1칸을 두었고 부엌의 왼쪽으로 방과 누마루식의 대청이 있고 누마루에는 모두 난간을 달았다. 사랑채는 안채의 건너방 옆에 대청과 방을 연결하여 두고 이러서 사랑대청 2칸, 방 2칸을 두었다. 안채와 사랑채는 비교적 높은 기단위에 네모기둥를 세웠고 3량구조에 홑처마이며, 한식기와 맞배지붕이다. 사랑채의 박공에는 풍판을 달았다.

안대청에서 본 중정과 행랑채
Courtyard and servant's part from the view of main floor

안대청 ◀
Main floor of women's quarters

행랑채와 사랑채 사이의 협문
Servant's part

안대청 ◀
Main floor of women's quarters

안방 – 덧문이 있는 창호와 전퇴난간 ▶
Main room of Women's quarters - door with outer door and veranda with rail

安樂室

민 가

독락당

경상북도 월성군 안강읍 옥산리 1600
보물 413호. 조선중기
Toknakdang pavilion.
Treasure No.413
The middle part of Chosun period

이 고택은 회재 이언적 선생의 별장이자 서재로서 벼슬길에서 물러나 거처하던 곳이다.

주택은 행랑채와 안채가 ㅁ자형 평면을 이루고 그 측면으로 ―자형 사랑채와 사랑채 뒤로 ㄱ자형으로 계정(溪亭)과 기타 부속채로 구성된 상당한 규모의 가옥이다. 사랑채인 독락당은 정면 4칸, 측면 2칸으로 전면 1칸의 온돌방과 전면 3칸의 넓은 대청으로 구성되며 두리기둥을 사용하였고 초익공계 공포로 처리되었다. 대청의 천장은 연등천장으로 대들보와 종량은 둥글게 잘 다듬어져 있다. 계정(溪亭)은 정면 3칸, 측면 1칸으로 1칸이 방이고 2칸이 대청으로 창호없이 계자각난간을 둘렀다.

계곡에 면한 계정(溪亭)
Panoramic view of Kyegeong Pavilion

정면
Front view

안에서 바라본 일각문과 낮은 담장
Gate and fence from the view of inside

대문채
Enterance part

중문에서 본 대문채
Enterance part from the view of courtyard gate

안채
Women's part

안채
Women's part

강학당(講學堂)
경상북도 강동면 양동리 35
중요민속자료 83호. 조선시대(1867년)
Kanghakdang. Private school
Important Folklore Material No. 83
Chosun period(1867 A.D.)

　강학당은 안낙정(安樂亭)과 함께 쌍벽을 이루는 이 씨문중의 공용서당으로 대사간을 기낸 지족당 이 연상 선생이 가르치던 곳이다. 양동마을 오른편 산언덕 심 수정 뒤 북촌을 조망하는 배산임계로 자리잡고 있다. ㄱ자형 단독채로 구성되는데 ㄱ자로 꺾이는 곳에 방을 두고 좌우로 대청을 두는 평면배치가 일반적인 서당건 축의 ─자형배치와는 근본적으로 상이한 형식을 보인 다. 안방 온돌은 두 칸의 대청을 사이에 두고 건넌방과 대치를 이루어 ─자형 기본틀이 되고 안방 아래로 마 루 한 칸과 책방 한 칸의 증설에 의해 ㄱ자형으로 변 화하게 된 것으로 추측된다. 안방, 건넌방, 대청 모두 사분합들문이다. 따라서 대청과 함께 긴 공간을 만들 어 낼 수 있다. 굵은 네모기둥만을 썼으며 춤이 얕은 홑처마와 맞배지붕으로 꾸며졌고 합각에는 풍판이 부 착되어 있다.

작은 대청옆의 책방
Book store room beside secondary floor

행랑채와 사랑채 사이의 협문
Servant's part

안대청 ◀
Main floor of women's quarters

안방 – 덧문이 있는 창호와 전퇴난간 ▶
Main room of Women's quarters - door with outer door and veranda with rail

전면 일부
Parts of front view

큰 대청쪽으로 열린 안방의 사분합들문
A four-leaved door of main room toword main floor

작은 대청쪽으로 열린 안방의 띠살무늬 여닫이 문
A two-leaved door of main room toward secondary floors

함양 정병호 가옥
경남 함양군 지곡면 개평리
중요민속자료 186호
Cheongpeongho House in Hamyang
Important Folklore Material No. 186

사랑채 전경
The view of Men's Area house

위풍 당당하게 동향으로 자리잡은 사랑채의 모습

사랑채 누마루를 바라봄
The view of Men's Area house

  누마루의 풍채에서 경남지방 상류주택의 면모를 볼
수 있다.

누마루의 난간부분
Details of rail floor

사랑채 누마루에서 대문간을 바라봄
The view of courtyard

사랑채 대청마루
Inside of Men's Area house

137

안채와 아랫채
The view of Women's Area

안 사랑마당에서 본 중문
The view of courtyard gate

대문에서 중정을 바라봄
The view of courtyard

대문간의 솟을대문에는 5개의 충신·효자의 정려패
가 걸려있다.

139

사랑채와 누마루
Men's Part and rail floor

◀함양 허삼둘 가옥
경남 함양군 안의면 금천리
중요민속자료 207호
Heosamdur House in Hamyang
Important Folklore No. 207

안채와 아랫채 사이에 형성된 마당공간
The view of courtyard

안채와 대청과 뒷마루가 만나는 부분
Details of Women's Area house

안채는 ㄱ자형으로 모서리부분 뒷마루의 확장으로
마루의 쓰임새를 높였다.

사랑채 누마루
Rail floor of Men's Area house

안채 대청마루 위의 대들보
Details of ceiling and roof

사랑채와 행랑채 사이의 샛담
The view of wall

사랑마당과 안마당의 적극적인 분리는 유교의 전통
이 주거에 미친 영향이다.

북비고택
경상북도 성주군 월향면 대산리 421
경상북도 민속자료 제 44호. 조선시대(1774년)
Bukbikotaek house, Hankae mauel
Province Folklore Material No.45
Chosun Period9(1774 A.D.)

한개마을은 성산 이씨(星山 李氏)가 대부분을 차지
하는 성산이씨의 동족마을로 영취산을 배경으로 백천
(白川)을 바라보고 있는 그 규모는 크지 않지만 그 형
국이 풍수적으로 훌륭하며 경치 또한 빼어난 마을이
다. 540여년전 조선시대에 진주목사 이우(李友)가 개
척한 이후 그의 후손들이 발전시켜온 마을로 사회문화
적으로 유교적 가치관의 영향을 받은 남성중심의 사고
와 생활방식이 지배하는 마을로서 주택의 배치에 확연
하게 드러나는데, 외부인과 철저하게 분리된 여성만의
공간을 두었다.

북비고택은 사도세자의 호위무관이던 이석문이 사
도세자 참사 후 조선 영조 50년(1774년) 세자를 사모
하여 북향으로 사립문을 내고 평생을 은거한 집이다.
이 집은 안채, 사랑채, 안행랑채, 사당, 북비댁으로 구
성되고 북비댁은 별도의 담장으로 구획된다.

안채는 정면 6칸으로 서쪽부터 건넌방 1칸, 대청 2
칸, 안방 2칸, 부엌 1칸으로 구성되는 튼 ㅁ자형 배치
이다. 사랑채는 ㄱ자형 배치로 꺾어지는 곳에 부엌을
두고 부엌 오른쪽으로 큰사랑방과 대청을 두고 아래쪽
으로 작은 사랑방을 두었다. 큰사랑에는 전퇴를, 서고
를 포함하는 작은사랑에는 전후퇴를 두고 이 곳에 누
마루 형식으로 난간을 둘렀다.

사랑채- 작은사랑
Secondary Men's Part

사랑채 - 큰 사랑대청
First Men's part

누마루 형식의 작은사랑 구조상
Second men's part of rail floor style

사당 전면
The front view of shrine

사랑채에서 본 안행랑채
Inner servant' s house from the view of Men' s part

북비고택의 대문
The main enterance

안채 서측벽
west side wall of women's Part

사랑채 간담
wall of Men's Part

의성 소계당 전경
The view of Sokyetang House

안채의 단아한 모습
The view of Women's Area house

안채 대청마루 위 연등천정
Ceiling details of Women's Area house

중문간에서 안채 대청마루를 바라본 모습
The view of Women's Area from courtyard gate

지례 양동댁

안동군 임하면 임하리 253-1

경상북도 민속자료 제 58호. 조선시대(1663년)

Yangdongtaek House at Chirye-dong, Andong

Kyeongsangbuk-do Province Folklore Material N

Chosun period(1663 A.D.)

이 집은 지촌(芝村) 김방걸 선생의 중형인 김 방형 선생의 집으로 현종 4년(1663)에 건립되었다. 이후 지곡(芝谷) 김정한 공의 후손인 수산(秀山) 김병종 선생의 집으로 바뀌었다. 임하댐 수몰지역이 된 안동군 임동면 지례동에서 1988년에 이건되었다. 본채는 정면 5칸, 측면 5칸반의 전체적으로 ㅁ자형을 이루며 전면의 왼쪽에 사랑채가 돌출해 있다. 안채는 정면 3칸의 대청을 중심으로 왼쪽으로 모서리에 정면 1칸, 측면 2칸의 도장이 달린 안방이 있고 오른쪽으로 고방과 작은방이 있다.

본채 정면 전경
Panoramic View

대문에서 본 전경
The view from the Enterance gate

사랑채에서 본 일각문
The gate from the view of men's part

본채 근경
The near view of main building

사랑채의 가구상세
The aves and top ornarmentation of men's Area

안채와 중정
The women's area and court

대청상부 천정구조
Details of ceiling and roof

◀합천 묘산 묵와 고가
경남 합천군 묘산면 화양리
중요민속자료 206호
Mukwa Old House in Hapcheon
Important Folklore Material No. 206

전경
The view of house

자연속에 파묻힌 모습

대청내부
Inside of Men's Area house

서산 김기현 가옥
Kimkiheon House in Seosan

대문간
The view of Entrance gate

마당 내부
The view of court yard

바닥에 시멘트 마감을 함

이웅래 가옥
전북 임실
Yiungrae House

사랑채 대청에서 대문을 바라본 전경

사랑채와 대문일곽 전경
The view of Entrance gate and Men's Area

안채 일곽 전경
The view of Women's Area